I0073386

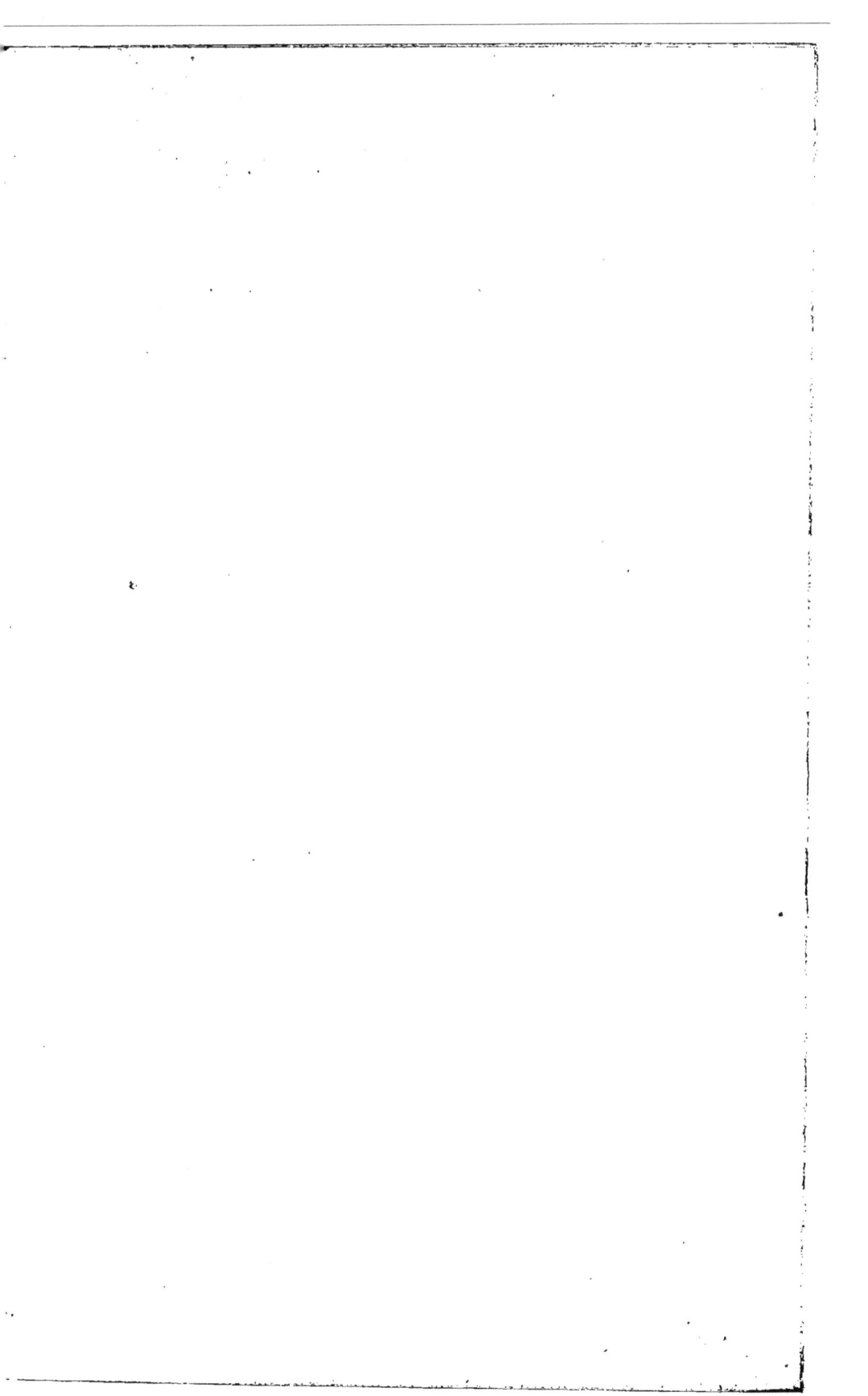

27306

MOYEN

DE

RÉGÉNÉRER ET DE REPEUPLER

LES

FORÊTS DÉTRUITES

ET

D'EN ÉTABLIR DE NOUVELLES.

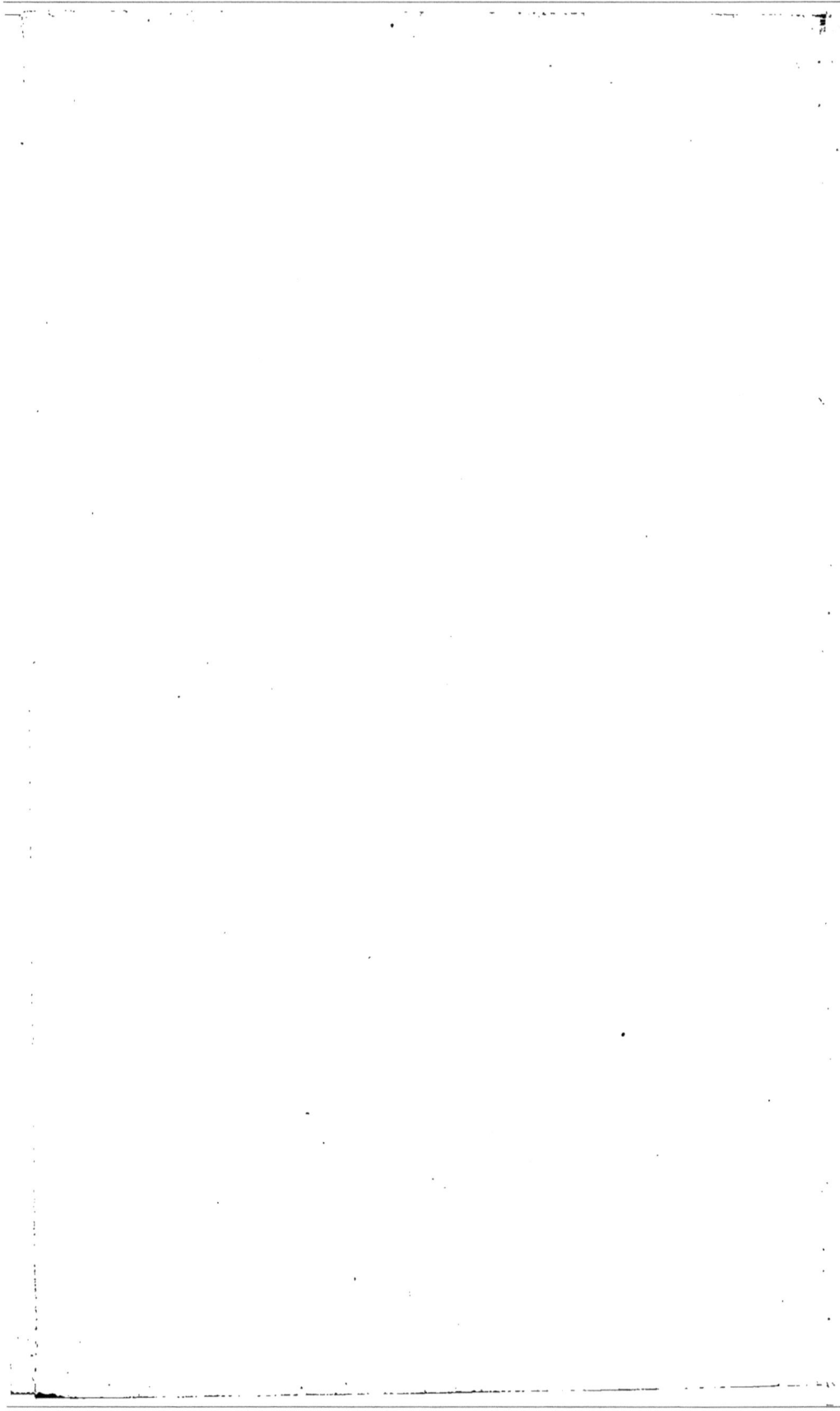

MOYEN

DE

RÉGÉNÉRER ET DE REPEUPLER

LES

FORÊTS DÉTRUITES

ET

D'EN ÉTABLIR DE NOUVELLES,

OU

MÉMOIRE SUR L'IMPORTANCE DU FRÊNE COMMUN, SUR LA CULTURE DU CHÊNE, DU SAPIN, DU PICÉA, DU MÉLÈZE ET DES ARBRES FRUITIERS, ET SUR LES MOYENS DE PRODUIRE EN ABONDANCE DU BON FOURRAGE ET DE BONS FRUITS.

SECONDE ÉDITION, CORRIGÉE ET AUGMENTÉE;

PAR M. J. B. FRANCOZ, EX-NOTAIRE,
Correspondant de la Société Linnéenne de Paris

ARIT (SAVOIE).

CHAMBÉRY,
IMPRIMERIE DE F. R. PLATTET,
RUE DU SÉNAT.

1826.

Tous les exemplaires qui ne seront pas signés par l'Auteur seront réputés contrefaits.

PRIVILÉGE.

LE CHEVALIER THAON DE REVEL,

COMTE DE PRALONGO,

LIEUTENANT GÉNÉRAL DE SA MAJESTÉ, ETC. ETC.

LE Notaire Jean-Baptiste FRANCOZ, ayant composé un ouvrage sur la culture du Frêne, ensuite des observations et des expériencés par lui faites pour l'amélioration de cette plante, a supplié S. M. de vouloir bien accorder le privilége exclusif de l'Impression dudit ouvrage. Etant informés que l'utilité de la culture du Frêne commun, et l'ensemble des idées que l'Auteur a recueillies sur cet objet présentent des vues très-importantes pour le bien de la Société et en particulier pour l'avantage de l'agriculture, nous avons accueilli favorablement sa demande; c'est pourquoi par les présentes, de notre certaine science et en vertu des pouvoirs que S. M. nous a confiés, nous avons accordé et accordons pour l'espace de dix années, à compter du jour de la date des présentes, audit Notaire Jean-Baptiste Francoz, le privilége exclusif de faire imprimer partout où il voudra dans les Etats de S. M. l'ouvrage par lui composé sur la culture du Frêne, et ce, à la charge par lui de se conformer aux lois et règlemens sur l'Imprimerie et la Librairie, à peine de nullité du présent privilége. Faisons défense à tout Imprimeur, Libraire ou autre de réimprimer, introduire ou vendre pendant la durée du privilége et sans l'autorisation par écrit de l'Auteur, ou de ses ayant cause, l'ouvrage sus-énoncé, sous peine de saisie des exemplaires au profit de l'Auteur et d'une amende de quatre cents livres au profit du trésor Royal. Mandons à tous ceux à qui il appartiendra d'observer et faire observer les présentes.

Données à Turin, le 3 août 1821.

Signé THAON DE REVEL.

Contresigné ROGET DE CHOLEX.

Vu. FALLETI *P. Régent. Provisoire.*

Vu. FULCHERI *Régent. Provisoire.*

Vu. MASSIMINO-DISERA.

Enregistré au contre-rôle général, le 10 août 1821. R. 1.er, *art.* 144.

Signé, *le Chef de la première division,*

FRAGGIA.

AVANT-PROPOS.

JE voudrais avoir conçu plutôt la pensée de procurer à mon Souverain, à mon pays et à la société le fruit de plus de vingt années d'étude, d'observations et d'expériences suivies, sur une des plus intéressantes améliorations qui aient été faites en agriculture.

C'est particulièrement depuis plusieurs années que de sérieuses réflexions sur l'importance et la nécessité de découvrir et de constater les moyens les plus efficaces pour l'amélioration de toutes les branches de l'agriculture et des arts, pour la régénération des forêts détruites, pour le repeuplement de celles qui ont été déboisées, pour en établir de nouvelles, pour garnir de bons arbres tous les lieux qui en sont susceptibles, pour en peupler tous les terrains incultes et vides qui ne produisent rien aux propriétaires ni à l'Etat, pour produire en abondance un bon fourrage propre à faire augmenter le nombre du bétail et accroître la quantité de l'engrais, sans ôter à l'agriculture du terrain destiné aux autres productions, etc. ; c'est, dis-je, depuis plusieurs années que mes réflexions sur ces divers objets m'ont fait faire de nouveaux et nombreux essais sur la culture du frêne commun, et accessoirement sur celle du poirier, du pommier, etc., cultures qui sont très-susceptibles de procurer de puissans moyens pour pourvoir aux plus pressans besoins des bois, etc.

Mais la grande pénurie des bois pour la charpente, la construction de bâtimens, la menuiserie, la marine, etc., et l'excessive consommation que l'on continue de faire des restes bientôt épuisés, n'ont pas même fait craindre jusqu'ici la disette dont nous sommes menacés, ni employer des remèdes prompts et efficaces pour en prévenir les suites fâcheuses. C'est pour parvenir à cet important résultat, que je me suis empressé de recueillir, en outre, des instructions propres à faire propager plus amplement et plus parfaitement la culture du châtaigner, du noyer, du cerisier, du chêne, de l'orme, du sapin, du picéa (peisse), du mélèze, arbres également propres à atteindre ce grand but. A cet effet, j'ai proposé, dans le quatrième article qui est à la fin de ce Mémoire, des méthodes contenant des instructions précises pour procurer les connaissances nécessaires à la culture et à la multiplication de ces arbres précieux.

L'expérience et les heureux résultats que j'ai obtenus, m'ont engagé à m'adonner entièrement à cet important travail et à recueillir toutes les observations que je vais développer dans ce Mémoire, pour rendre ces cultures avantageuses, j'ose dire, à tous les peuples : puissé-je faire cesser cette funeste léthargie qui nous menace de faire éprouver une infinité de privations pour l'avenir, tristes résultats de la dévastation des forêts et du déboisement des montagnes ! De trop justes craintes sont encore augmentées par la coupable négligence que l'on met à remplacer tant de coupes et de défrichemens par de nouvelles plantations capables de fournir une reproduction de bois suffisante non-seulement pour la consommation journalière, mais encore pour celle qui pourrait être jugée utile à l'augmentation successive de la population et à celle des fabriques et des établissemens publics.

Quelles seront désormais nos ressources contre les affreux ravages des incendies, dans les villages surtout où des toits de chaume fournissent à peine, pendant quelques minutes, un aliment à la flamme dévorante ? nos montagnes sont bientôt nues : la hache et la pioche auront bientôt tout détruit.

Cette pénurie de bois, qui continue de faire de jour en jour des progrès rapides, et l'insuffisance des fourrages et des engrais, sont uniquement l'effet de l'insouciance et de la négligence que l'on apporte à profiter des dons de la nature. Cette négligence est d'autant plus coupable qu'il suffit d'un léger travail pour placer les arbres les plus utiles en terre, où la nature pourvoit ensuite à leur prospérité, pour nous prodiguer ses bienfaits que nous n'avons qu'à recueillir sans peine et sans dépenses.

Cette vérité prouve que le semis et la culture en pépinière des arbres qui produisent, chaque année, un objet particulier de première nécessité et d'agrément, tels que le frêne, le châtaigner, le mûrier, le noyer, le cerisier, le poirier, le pommier, etc., et de ceux qui sont indispensables aux usages dont j'ai parlé ci-devant, de la charpente, de la construction de bâtimens, de la marine, etc., comme le chêne, l'orme, le sapin, le picéa, le mélèze, sont le plus puissant moyen de faire cesser, soit en plaines, soit en montagnes, la malheureuse insuffisance dont j'ai parlé, puisqu'ils sont incontestablement le meilleur mode qui puisse être imaginé, non-seulement pour la régénération des forêts et pour en éviter la destruction, mais encore pour produire généralement partout l'abondance des bons bois, des bons fourrages, des engrais, etc. Or, des avantages de cette importance doivent sans doute inspirer un désir actif de s'adonner avec zèle à la culture des arbres qui peuvent les procurer, eu égard surtout qu'ils parviennent, en outre, à une grosseur bien supérieure à celle des autres espèces d'arbres, même forestiers, d'un produit nul.

Parmi les nombreux bienfaits de nos Augustes Souverains, qui signalent chaque jour tous les actes de leur règne, à la reconnaissance de leurs sujets, on doit surtout compter les sages dispositions de l'Edit du 15 octobre 1822, relatif aux bois et forêts. C'est dans le préambule de cette loi qu'on trouve développées, avec la plus grande force, les tristes causes qui ont frappé de stérilité, la plupart de nos forêts, et qui semblent condamner nos montagnes à la plus déplorable nudité.

Il est bien doux pour moi, en n'écoutant que mon cœur et mon zèle pour mon pays, en ne consultant que l'expérience, ce grand maître qui ne ment jamais, de m'être montré, par la première édition de cet ouvrage, un des sujets de Sa Majesté les plus pénétrés des motifs

de l'Edit Conservateur qui honore la sollicitude pater-
nelle de notre Auguste Monarque.

Animé surtout du désir de seconder ses vues bienfai-
santes par les meilleurs moyens d'exécution , je me suis
livré plus particulièrement dès-lors à de nouvelles recherches et à des expériences dont le résultat m'a prouvé
de plus en plus que la culture des arbres dont il s'agit
ci-devant et surtout du frêne , peut me procurer ce
grand et honorable avantage. En effet , la propagation
facile et économique de cet arbre et sa végétation assurée
et rapide , peuvent faire , en quelques années , pour la
production des bois , des fourrages , etc. , l'ouvrage d'un
siècle. C'est pourquoi je me suis attaché à développer
plus régulièrement , dans le cours de ce Mémoire , ces
importantes vérités , après avoir attentivement médité les
moyens les plus puissans et les plus efficaces pour arri-
ver à ce grand but. Ces moyens peuvent conduire. . . .

A une entière régénération des forêts dépouillées, pour
faire cesser la pénurie actuelle des bois , qui nous fait
craindre une prochaine disette ;

A une grande abondance de fourrage, pour augmenter
le nombre du bétail et accroître la quantité de l'engrais;

Au plus grand degré possible de fertilité des terrains
de parcours et de vaine pâture , des terrains communaux
et de tous les autres terrains incultes possédés en propriété particulière , et à faire augmenter considérablement les finances des Etats par les impositions dont tous
ces terrains deviendront passibles ;

Et au plus grand éclat de prospérité du commerce et
des arts : en effet, la propagation simultanée du frêne et
du mûrier pourrait particulièrement conduire à ce but
important; celle du frêne pourra faire nourrir et entre-
tenir, entr'autres, notamment dans les régions moyennes
et montagneuses, telle que la Savoie, une quantité de
moutons de bonne race, plus que suffisante pour y produire toute la laine nécessaire aux divers besoins: et celle
du mûrier pourrait faire produire également , dans les

plaines, une quantité de soie surabondante qui fournirait un aliment à l'industrie.

Or, la multiplication de ces deux arbres serait propre à procurer très-abondamment dans ces régions, et principalement dans la nôtre, les deux matières premières dont il s'agit, ainsi que le bois. Et ces trois objets, de la plus grande utilité, exciteraient en nous l'active émulation de l'industrie et des talens, pour faire établir, en proportion, des fabriques et des manufactures propres à faire fleurir et prospérer toutes les branches du commerce et des arts.

A cet effet, il est du grand intérêt public de propager la culture des deux arbres qui peuvent seuls, par leurs productions, nous procurer, en peu de temps, tous les divers objets indiqués, eu égard que ces deux végétaux sont d'une croissance rapide, d'un produit annuel très-abondant, très-assuré et très-précoce, et qu'ils sont très-susceptibles d'être placés en forêts, en bosquets et en haies vives dans les lieux incultes, vides et inutiles, et par substitution auprès de tous les arbres de peu de valeur et d'un produit nul.

Le désir de concourir à réaliser ces vues importantes, a été le principal mobile de mes méditations, de mes recherches, de mes travaux et de mes expériences, dont le résultat me procurera le bonheur de jouir de l'heureuse pensée d'être parvenu à ce but aussi intéressant. En effet, la méthode du semis et de la culture du frêne, amplement détaillée dans les trois articles des instructions qui sont à la fin de mon Mémoire, les avantageux résultats que j'ai obtenus des divers semis et pépinières que j'ai établis en cette conformité auprès de mon habitation, les méthodes des autres espèces d'arbres mentionnés dans le quatrième article des instructions ci-après, et toutes les autres dispositions indiquées dans le cours de ce Mémoire, prouvent et constatent d'une manière positive le succès du moyen (que, par de nombreux

efforts, on aurait en vain cherché à découvrir jusqu'ici)
de régénérer les forêts détruites, de repeupler celles qui
ont été déboisées, d'établir des forêts et des bosquets
nouveaux et de produire généralement tous les autres
avantages énoncés ci-devant.

Je peux même ajouter que la multiplication du frêne
et des autres espèces d'arbres dont je viens de parler, est
le meilleur moyen de contribuer à produire les heureux
résultats dont M. le Rédacteur du *Journal de Savoie* a
fait plus amplement ressortir l'importance dans l'article
qu'il a donné (N.º du Journal du 18 octobre 1821) tou-
chant mon Mémoire : le bois deviendrait tellement abondant que, dans peu de temps, on verrait les hautes montagnes se régénérer et reprendre sur l'équilibre des élé-
mens l'influence savamment démontrée dans ce même
Rapport.

Pour faire apercevoir au premier coup-d'œil l'importance de cet opuscule, je crois devoir substituer au titre
de ma première édition (Mémoire sur la culture du frêne
commun) celui qu'il porte actuellement.

MOYEN

DE RÉGÉNÉRER ET DE REPEUPLER LES FORÊTS DÉTRUITES, ET D'EN ÉTABLIR DE NOUVELLES.

LE semis et la culture de tous les arbres fruitiers et forestiers mériteront toujours une très-grande considération, afin de multiplier ces arbres utiles.

Mais le semis et la culture du frêne commun réclament encore une préférence fondée sur de rares qualités qui n'ont point été connues jusqu'ici, quoique bien capables de procurer d'inappréciables ressources pour l'amélioration de l'agriculture et pour la restauration des forêts.

En effet, les précieuses qualités de cet arbre et la propagation facile et économique dont il est susceptible, le rendent plus propre que tout autre à faire fleurir et prospérer toutes les branches de l'agriculture et des arts, et plus encore à rendre très-productifs une immense quantité de terrains et d'emplacemens inutiles, à repeupler le plus avantageusement possible les forêts et les montagnes dépouillées, ainsi que je l'indique à l'article premier ci-après, et à garnir toutes les propriétés qui ne le sont pas, de bonnes espèces d'arbres.

Le frêne est également plus propre que tout autre à garnir les bords des grandes routes, des chemins, des fleuves, des rivières, des ruisseaux, des torrens, les ravins et les nombreuses et vastes grêves qui se sont formées et se forment sans cesse le long de ces torrens impétueux, enflés par les grandes pluies, dont les eaux entraînent ordinairement les terrains les plus précieux de nos plaines, pour les déposer au hasard dans d'autres emplacemens qui, abandonnés à la nature seule, ne produisent que des épines et des ronces. Combien ne serait-il pas à désirer que les propriétaires riverains, par leur accord commun et par leurs soins, s'occupassent de combattre efficacement ces dégâts par des digues, de diriger et de contenir les diverses branches de rivières, par d'abondantes plantations d'arbres utiles, qui donneraient les plus riches produits !

Des avantages aussi grands démontrent donc bien l'importance de la culture du frêne : malheureusement cette culture a été trop négligée et a paru trop peu intéressante jusqu'à présent. Cela tient peut-être, entr'autres causes....

1.° A un petit inconvénient qui a été beaucoup exagéré par quelques écrivains, qui, sans faire même aucune distinction de climats, ont prétendu « que les cantharides dévorent les feuil-» les de cet arbre, et qu'il est à craindre qu'il » ne reste attaché sur elles de ces mouches, » attirées par l'espèce de manne qui suinte sur

» cet arbre ; ces insectes nuiraient aux troupeaux
» auxquels on destine ces feuilles ; elles leur
» causeraient des inflammations dans les reins
» et dans la vessie. »

2.º Au rapport aussi erronné de ces écrivains,
ainsi conçu . . . .

« Il ne faut pas placer cet arbre dans le voi-
» sinage des autres, ni le mêler dans les haies :
» bientôt il s'emparerait de leur terrain et absor-
» berait à leur préjudice tous les sucs de la terre ;
» éloignez-le surtout des pâturages, ses feuilles
» mangées par le bétail communiquent au beurre
» un mauvais goût. »

3.º A d'autres assertions aussi peu fondées :

« Le frêne commun se contente, dit-on, de
» peu de profondeur, parce que ses racines
» cherchent à s'étendre à fleur de terre ; il se
» refuse dans les terrains secs et sablonneux ;
» quoiqu'il devienne assez gros, on s'en sert ra-
» rement pour la charpente, parce qu'il est sujet
» à être piqué des vers ; il faut faire attention
» que ses racines s'étendent beaucoup et appau-
» vrissent le terrain, et que l'eau qui découle de
» ses feuilles, endommage les végétaux qui en
» sont atteints ; il ne faut donc pas le planter
» dans les lieux où il pourrait faire du tort. »

Les plus modernes de ces écrivains, au lieu
d'accréditer publiquement ces erreurs imaginaires
et même contradictoires, par une continuelle tradition de confiance, auraient dû consulter la na-

ture par l'expérience amie de la vérité. Alors, il leur serait résulté, ainsi que je l'expliquerai ci-après, que toutes ces assertions sont fausses (sauf peut-être celle du petit inconvénient des cantharides, qui n'existe par intervalles, dit-on, que dans quelques collines de climats excessivement chauds), et que, au contraire, les précieuses qualités de cet arbre le rendent le plus important dans le système forestier et agricole, parce qu'il est le plus propre à fouiller, puiser et extraire, même dans les terrains ingrats, les alimens nécessaires à sa prospérité.

Après avoir été élevé à une grosseur convenable dans une pépinière, il croît et prospère toujours bien, mais plus promptement dans les plaines et pays chauds, à raison du plus grand degré de chaleur et de la plus longue durée de l'été, et partout en proportion de la fertilité du sol et du soin qu'on donne à sa transplantation.

Si jusqu'à présent sa croissance a été regardée comme un peu lente pendant plusieurs années après sa transplantation, c'est....

1.º Parce qu'il n'a pu provenir que de forêts en montagne, où il a été arraché avec peine dans les racines des autres arbres, dans les pierres et dans les rocs, avec un petit nombre de racines meurtries et brisées.

2.º Par la faute de la plupart des habitans des campagnes, qui ne donnent pas aux creux de toute espèce d'arbres, assez de profondeur et de largeur, et qui ne prennent pas le soin nécessaire pour conserver les fines racines des plantes, en les préservant, jusqu'à la transplantation, de la chaleur du soleil et du grand air, qui font de suite flétrir ces racines.

Ces inconvéniens ont rendu, en effet, jusqu'ici la croissance de cet arbre un peu lente après sa transplantation; mais aussitôt qu'il est parvenu à se procurer la quantité nécessaire de racines, et quand ces racines ont acquis la force nécessaire pour s'insinuer dans la terre dure et aller ainsi fouiller et pomper dans le voisinage les sucs nourriciers, sa croissance devient tellement rapide qu'elle l'emporte, peut-être, sur celle de toute autre espèce d'arbres de bois dur. On peut même se convaincre de ce fait, par les rayons de croissance annuelle, qui sont très-apparens dans l'intérieur de ce bois, et par les branches considérables que les frênes écimés produisent chaque année, au nombre desquelles il n'est pas rare d'en trouver, la première année, plusieurs qui sont de la grosseur d'un pouce et de la longueur de six à huit pieds, et la troisième année, un grand nombre de branches qui sont grosses, droites et unies, comme un canon de fusil de calibre.

Cette prompte croissance sera bien plus sensible à l'avenir, lorsqu'on aura fait des plantations considérables de sujets provenus de pépinières, avec toutes les racines fournies par la nature et bien soignées; ils produiront, en peu de temps, plus abondamment que tout autre, les deux objets de première nécessité qui feront promptement cesser les deux genres de pénurie que j'ai indiqués.

Un avantage inappréciable dont on peut jouir toutes les années, sans interruption, même dès la deuxième année de la naissance de cet arbre, est le feuillage, qui consiste en des rameaux assez gros, moëlleux, de la longueur d'un pied, plus ou moins, composé de 7 à 15 folioles et très-faciles à cueillir sur l'arbre, par les enfans même, dans le temps où il n'est pas susceptible d'être écimé. Ce feuillage, suivant même le sentiment de la plupart des cultivateurs, vaut mieux que le foin, et dès-lors on doit reconnaître toute son importance, un bon fourrage étant l'un des premiers fruits de la terre, puisqu'il fait fructifier tous les autres, en nourrissant le bétail qui fournit aux premiers besoins de l'homme et qui est l'une des premières sources de la richesse des États.

Pour constater l'excellente qualité de ce feuillage, j'ai nourri pendant quelque temps une vache laitière avec la feuille du frêne seule, et pendant un intervalle égal, la même vache a été nourrie avec le meilleur foin. Cette expérience a été faite avec soin, et les produits respectifs en lait, beurre et fromage ont été soumis à la dégustation et à l'analyse chimique; voici le résultat sommaire de ces expériences :

Le beurre provenu de la nourriture avec la feuille du frêne seule, contient plus de stéatine (partie dure et solide) et moins d'élaïne (partie liquide et huileuse), que celui provenu de la nourriture avec le foin seul. Le premier a un goût de noisette et sa couleur est d'un jaune doré; le même beurre est plus dur et plus consistant. Le lait résultant de la nourriture avec la feuille du frêne est plus abondant, et le fromage qui en provient est un peu moins blanc, plus savoureux et offre une meilleure pâte, que celui fourni par la nourriture avec le foin seul.

Le second objet, dont on peut profiter tous les deux ou trois ans, est le menu bois propre à divers usages, tels que des échallas de vignes, des baguettes nécessaires aux couverts de bâtimens en chaume, des soutiens de haricots de jardins et de champs, des traverses pour attacher les haies et du bois à brûler.

Cependant ces grands avantages ont été négligés et presque oubliés, parce qu'on ne savait point semer ni cultiver cet arbre précieux; mais lorsque la connaissance en sera répandue et qu'on aura fait de nombreuses plantations de ces arbres, on obtiendra de suite, chaque année, une quantité progressive de feuillage et de menu bois.

Cette quantité de feuillage suppléera d'abord à celui des gros et vieux arbres que le pressant besoin fera couper et abattre.

La croissance de ces arbres et les plantations

ultérieures fourniront de plus le moyen de pourvoir à ces besoins urgens qui diminueront de jour
en jour.

Ce moyen est aussi important que facile et
économique dans son exécution.

En effet, si le frêne est l'arbre le plus productif
et le plus utile, en principe forestier et agricole,
il est également le plus abondant en graines pour
multiplier les individus, pourvu qu'il n'ait pas été
écimé et taillé, ou qu'il ne l'ait pas été depuis
un intervalle d'environ 3, 4, 5 ou 6 ans ; de
plus, il a la faculté de se reproduire par des rejetons.

Le semis de ces graines est également si facile
et si économique, ainsi qu'on le verra dans le
premier article des instructions, qu'un seul procurera, en proportion des graines qu'on y em-
ploîra, des plantes innombrables qui pourront
être placées la première, seconde ou troisième
année suivante, en automne, en hiver et au
printemps . . . .

1.° En pépinière, dans un terrain un peu fort
et maigre (comme il est nécessaire pour les pépinières des arbres fruitiers), afin que ces jeunes
plantes ne se ressentent pas long-temps d'une
molle éducation, après qu'elles auront été transplantées à demeure dans toute sorte de sols, tels
que tous les lieux et emplacemens indiqués dans
les sept articles que l'on trouvera ci-après, et
encore en forme de verger dans tous les terrains

propres à être cultivés en prairies artificielles, qui deviendront d'un riche produit.

2.° Dans tous les terrains qui ont été incultes et nuls jusqu'ici, et que l'on voudra boiser en forêt et en bosquet (on y placera ces jeunes plantes à la distance d'environ 3, 4, 5, 6 pieds, après avoir bien préparé le terrain par des labours profonds et convenables), et encore dans les bois taillis où l'on aura fait depuis peu de temps des coupes régulières, afin d'introduire dans la forêt un mélange de cet arbre avec les autres espèces.

Le frêne a l'excellente qualité, lorsqu'il n'est pas taillé et écimé, de fournir une tige droite, unique, élancée, qui s'élève au-dessus des autres arbres sans leur nuire; lorsqu'il est établi en forêt, il parvient à une longueur considérable, et il est presque aussi droit que le sapin.

Or, a-t-il existé et existera-t-il des forêts et des bosquets aussi beaux et aussi utiles que le seront ceux dont il s'agit? Je ne puis le croire.

Quel semis et quelle culture pourrait-on indiquer pour produire dans tous pays et dans toute espèce de terrains, un arbre susceptible d'aussi précoces et d'aussi importans objets de première nécessité, et d'être placé partout avec autant de facilité et en si grand nombre?

Les traditions ne les ont pas encore fait connaître, et l'on peut raisonnablement douter qu'elles le fassent jamais; car on a beaucoup entendu

parler de semis et de projets pour faire des établissemens de forêts et repeupler les montagnes déboisées, sans avoir vu l'exécution efficace
d'aucun, parce que tous autres semis faits à la
volée en général, sans un labour préparatoire et
nécessaire, ont été reconnus impraticables,
comme ils le sont véritablement dans tant de
vastes étendues de terres nues, arides, incultes,
dures, couvertes de gazons, de mousses, etc.,
situées en partie dans des lieux en pentes rapides, dans des pierres, dans des rocs et dans tant
d'autres emplacemens, pour y semer, même très-
irrégulièrement, des graines dont les germes naissans ne soient pas sujets à périr par l'effet des
gelées ; sans parler de l'impossibilité de se procurer des graines en si grande quantité, par défaut de balivaux, ni de l'impossibilité de donner
à ces vastes semis tous les soins nécessaires, tel,
entr'autres, que celui de couvrir, avec de la paille
ou d'autres abris, ceux dont les plantes naissantes
sont sujettes à périr par l'effet des gelées, et de
les sarcler fréquemment pendant plusieurs années. Je ne parle pas non plus des moyens propres à garantir ces semis des mulots, des vers
blancs, des autres insectes, des gelées, de la
chaleur du soleil, des dents et des pieds du bétail et de tant d'autres inconvéniens, tels que
les pluies abondantes et la fonte des neiges qui,
dans les pentes très-rapides, entraîneraient les
graines, les germes naissans et les plantes faibles

qui ne seraient pas convenablement couverts de terre. Au lieu qu'il est beaucoup plus facile de procurer tous les soins nécessaires aux semis touffus et destinés, dans de médiocres étendues de terrains, à former des pépinières, dans lesquelles il est encore plus facile d'élever les plantes qui les composent, jusqu'à ce qu'elles soient devenues propres à être transplantées à demeure, dans les lieux destinés à établir des forêts et des bosquets et dans tous autres emplacemens utiles.

Si l'on avait fait de sérieuses réflexions sur tous ces inconvéniens et sur le déplorable état de tous les vastes terrains dont je viens de parler, tels que les immenses étendues de terrains communaux déboisés, incultes et stériles depuis un grand nombre de siècles, pour avoir été abandonnés à tous les abus de l'indivision, principale cause de l'indifférence, de la négligence et surtout des grands dégâts et défrichemens qui les ont réduits en ce triste état, on n'aurait pas encore publié inconsidérément les erreurs suivantes :

« Les bois sont ennemis de la culture, qui
» leur fait du tort et qui ne leur procure aucun
» avantage ; un bon labour pour semer un bois
» est plutôt préjudiciable qu'utile. La transplan-
» tation n'est qu'un moyen subsidiaire, elle ne
» peut convenir que pour les arbres que l'on
» plante isolément le long des chemins, des
» possessions, etc., et qu'on élève en pépinières

» pour cela; mais elle ne saurait être avantageuse
» pour les bois. Les arbres des forêts sont enne-
» mis de la culture; dans les terrains forts, les
» premiers labours sont inutiles et souvent nui-
» sibles. »

Ces réflexions auraient fait comprendre, au
contraire, que toutes ces assertions sont fausses,
parce qu'il est naturel et très-notoire que les
bons labours ont toujours été et seront toujours
les agens les plus efficaces que les cultivateurs
doivent employer pour seconder la terre dans
ses productions quelconques. En effet, la raison
et l'expérience ont toujours démontré que c'est
en remuant et en divisant la terre avec la bêche
ou autrement, en ramenant sur sa surface ses
parties intérieures, que les labours la disposent
tellement que l'air, la rosée, la pluie et les autres influences atmosphériques se mêlent et se
combinent avec les sels qu'elle contient, et la
préparent à recevoir les semences et les plantes
qu'on lui confie, ouvrent des issues faciles à la
pousse des jeunes racines, leur donnent des
moyens propres à pomper les sucs nécessaires à
la végétation et à l'essor de leur tige; car c'est
principalement du nombre et de la force des
racines que les plantes acquièrent leur nourriture
et leur accroissement.

Ainsi, toutes ces vérités démontrent évidemment que les bons labours, au lieu d'être les ennemis de la culture des bois propres à établir des

forêts, en sont les plus puissans et les plus fidèles
amis, de même que de celle de tous les autres
végétaux en général, et que s'ils ne renouvelaient
pas, en quelque sorte, les principes générateurs
de la terre, elle resterait dans une éternelle stérilité, comme sont restés jusqu'ici tous les nombreux terrains dont il s'agit, à cause, peut-être,
de tous les préjugés énoncés ci-devant.

Or, tous ces détails et l'expérience constate-
ront enfin bien positivement que, dans tous ces
terrains incultes et arides, les bons labours soit
réguliers, soit en creux profonds et larges, même
en longueur et à travers, dans les pentes très-
rapides, pour empêcher les éboulemens, d'un côté;
que la transplantation (dont sont susceptibles tous
les bois en général, par le soin le plus scrupuleux
de conserver la verdure de leurs racines, jusqu'à
ce qu'elles soient replacées, en temps propre,
dans un autre terrain frais) faite dans ces lieux à
une distance utile, de bonnes espèces d'arbres;
tels que frênes, chênes, ormes, sapins, picéa
(peisse), mélèze, etc., élevés à une grosseur
convenable dans des semis et des pépinières établis à cet effet, d'un autre; et enfin la division
des forêts et des terrains communaux, très-puis-
sant motif pour engager l'intérêt des habitans,
exciter leur émulation d'améliorer, et les diriger
et contenir dans la voie de l'économie : que les
bons labours, dis-je, sont les plus prompts, les
plus assurés et presque uniques moyens de re-

peupler les forêts détruites et les montagnes déboisées, et d'établir des forêts et des bosquets
nouveaux. A cet effet, les inappréciables qualités
dont le frêne commun est pourvu et susceptible,
sa multiplication facile à l'infini, sa transplantation assurée, même sans abris pour le garantir de
l'intempérie des saisons et d'autres inconvéniens,
sa croissance rapide dans toute espèce de terrains,
son produit annuel très-abondant et très-utile, et
la qualité supérieure de son bois, le rendent plus
propre que tout autre arbre, non-seulement à
remplir la tâche dont il s'agit, mais encore à
procurer tous les autres avantages développés dans
ce Mémoire. C'est pourquoi il est fort important
de donner une préférence illimitée à la culture de
cet arbre, et d'inspirer un désir actif de mettre à
exécution le moyen de sa propagation dans toutes
les régions convenables.

Pour parvenir à cet important résultat, je crois
nécessaire de donner à la fin de ce Mémoire une
méthode spéciale contenant des instructions clai-
res et précises aux cultivateurs, pour procurer
enfin toutes les connaissances nécessaires à la
propagation de cet arbre, qui n'est pas seulement
l'un des plus utiles sous le rapport agricole et
forestier, mais qui peut encore offrir tant d'autres
avantages; car lorsqu'il n'a pas été taillé à la
sommité, son bois est d'une qualité supérieure
pour le charronnage, la menuiserie, la charpente, la construction des bâtimens, pour faire

des planches propres à tous les besoins et usages
quelconques (besoin qui est devenu et deviendra
le plus extrême, même dans beaucoup de régions
montagneuses), par exemple, à ceux des vases
vinaires. En effet, le bois d'un gros et vieux frêne
qui n'a pas été écimé, est plus dur et plus du-
rable que celui d'un gros et vieux chêne ; la
preuve de ce dernier fait est facile à acquérir,
même dans ce Canton, par la vérification que
l'on peut y faire de plusieurs tonneaux de frêne
en bon état, construits depuis près d'un siècle.
Ces vases ont été constamment choisis et réser-
vés pour y mettre le meilleur vin.

Les propriétaires des grandes et fortes voitures
et les cultivateurs, pour les outils aratoires, prou-
veront également que le frêne est plus élastique
et plus fort que le chêne, et qu'il est moins sujet
à être carié et vermoulu par l'effet de l'humidité.
La preuve en serait encore facile à donner au
moyen de plusieurs vieux frênes qui existent dans
ce Canton, de la grosseur de 2, 3 ou 4 pieds de
diamètre ; sans parler de ceux qui existaient il
y a peu de mois dans l'avenue du château de M.
le Marquis de Lescheraine, située auprès du
bourg du Châtelard, où l'on en voyait de la
grosseur de 3 pieds 4 pouces de diamètre, et
d'une longueur proportionnée ; et sans parler non
plus de celui qui est sur le cimetière de la commune de la Motte en Beauges, qui a cinq pieds
de diamètre, sur la longueur de plus de quatre
vingts pieds en bois de bon service.

L'expérience constatera , et j'ose le garantir ; toutes les utiles qualités du frêne commun , et détruira les préjugés qui l'ont continuellement fait dédaigner.

L'erreur qui a été la plus funeste est celle qui est relative au prétendu inconvénient des cantharides, que je considère comme une véritable prévention , sauf peut-être à l'égard de quelques petites collines de climats excessivement chauds, indiquées ci-devant (page 7 et 5

Le frêne existe dans les climats tempérés et même dans les pays chauds; partout il végète avec vigueur. On en voit de très-beaux, entr'autres, en Piémont, dans les communes de Cambianoz et de Santoz , sur les propriétés du Seigneur Comte Breton et à la proximité de la ville d'Alexandrie ; et dans le département de la Côte-d'or, en France, sur les bords de la grande route qui conduit de Dijon à Lyon. Ces arbres n'y sont point endommagés par les cantharides ni par aucun autre insecte , tels que les chenilles et les hannetons, qui ne s'y reposent jamais , quoiqu'ils fassent des dégâts considérables sur un grand nombre d'autres bonnes espèces d'arbres. Or, ce dernier inconvénient, quelque grand qu'il soit, n'entraîne pas la nécessité de négliger la semence et la culture de ces arbres précieux.

L'autre préjugé , qui attribue au feuillage de cet arbre, le vice de communiquer au beurre un mauvais goût, est complètement détruit dans les diverses régions où il existe de pareils arbres, puisqu'il a été constamment reconnu que les vaches laitières nourries avec ce feuillage, ont donné en proportion une plus grande quantité de beurre et de fromage, d'une qualité même supérieure, par rapport au seul goût aromatique de ce feuillage.

C'est une erreur de croire que le frêne, qui, comme tout autre, ne puise dans la terre que les sucs qui lui sont appropriés, nuise plus particulièrement à ceux qui sont dans son voisinage. Car dans les prés, dans les champs et sur leurs bords, où il existe des frênes âgés de plusieurs siècles, ces arbres auraient bien dû appauvrir, comme on l'a prétendu, le terrain qu'ils ont occupé jusqu'ici; cependant on n'y aperçoit aucune diminution dans la production, ou s'il en est une insensible, peut-être d'un vingtième, la production de ces arbres procure bien au moins en compensation quarante pour un. D'ailleurs, si cet arbre, est le plus propre à extraire de la terre dans les lieux incultes, vides, isolés et montagneux, les alimens qui lui sont nécessaires, c'est un avantage qui lui mérite la préférence.

Les racines du frêne ne s'étendent pas, à beaucoup près, à une aussi grande distance que celles des peupliers, mûriers, noyers, etc.; mais elles pivotent, se groupent près du tronc et s'enfoncent profondément, même dans les argiles dures. La preuve de ce fait résulte des jeunes

frênes qui proviennent de semis et dont les racines forment un pivot parfait semblable à un
fuseau. Si la nature a donné au frêne l'inclination de pivoter, quand il ne peut pas le faire,
c'est la dureté du terrain inférieur, ou les rocs
qui s'y opposent.

Bien plus, les gros frênes, dont j'ai parlé ci-
devant, et beaucoup d'autres de semblables gros-
seurs, prouvent qu'ils ont pivoté, que leurs
racines se sont groupées près de leurs troncs et
ont pénétré profondément dans la terre; qu'ils ne
sont pas parvenus à leur grosseur extraordinaire,
sans que la terre intérieure où ils existent n'ait
beaucoup plus fourni à leur nourriture et à leur
accroissement, que celle de la surface; que le
frêne prospère même mieux dans les terrains
secs, sablonneux, pierreux, dans les rocs et dans
les murgers, que dans les lieux humides et om-
bragés.

C'est encore une plus grande erreur de croire
que l'eau qui decoule de ses feuilles, endommage
les végétaux qui en sont atteints; cette assertion
est aussi inconsidérée que celle qui annonce
qu'une espèce de manne suinte sur cet arbre.

La prévention qui attribue au bois du même
arbre le vice de la vermoulure, est injuste, parce
qu'il est très-notoire que ce vice est commun à
tous les bois en général, qui, après avoir été
coupés et abattus, ont été négligés sans être dé-
pouillés de leur écorce, exposés aux pluies et à

l'ombre, au lieu qu'ils doivent être écorcés et retirés dans des lieux secs et couverts, où les insectes ne puissent pas déposer leurs œufs, comme ils le font sur ceux qui sont négligés.

Or, on ne peut pas même présumer la cause pour laquelle on a pris à tâche de répandre de temps à autre un si grand nombre de diffamations au préjudice de cet arbre si utile : aussi j'ai pris celle de défendre ses intérêts, pour le faire tourner au profit de l'agriculture et des arts, pour lui rendre la réputation distinguée qu'il mérite par les qualités dont il a été doué par la nature, et pour démontrer qu'on n'en a jamais parlé que d'une manière idéale et par un continuel abus de tradition, sans avoir jamais consulté la nature par l'expérience, surtout en été et en automne, dans les diverses régions où il existe une grande quantité de ces arbres. C'est pourquoi tous ces divers préjugés ont été plus que suffisans pour détourner les cultivateurs de porter leur attention sur cet arbre et de s'occuper par conséquent de sa culture, et surtout ceux qui, ne l'ayant jamais connu, n'ont pu apprécier ses qualités ; c'est pour ces raisons qu'il n'y a pas la centième partie nécessaire de ces arbres, dans quelques collines moyennes et montagneuses, où on les a arrachés dans les forêts ; qu'il n'y en a qu'une très-petite quantité dans les autres collines et dans les plaines et pays chauds, où l'on en fait peu de cas, à cause des préventions dont j'ai parlé ; et enfin qu'il ne s'en trouve aucun dans un grand nombre d'autres endroits, quoique dans ces derniers lieux où le bois ne peut se produire que par la plantation des arbres, les frênes prospéreraient encore plus avantageusement, ainsi qu'on peut en juger par l'examen du petit nombre de ceux qui y existent. Et dans toutes ces régions, ces arbres seraient même plus nécessaires, à cause de l'abondance de leur feuillage et de leur menu bois, surtout s'il en existait à haute tige une quantité suffisante pour servir aux besoins et usages utiles, et de gros et vieux, qui sont également de qualité supérieure pour le chauffage et le charbonnage.

La preuve d'une pareille richesse trop malheureusement négligée jusqu'à présent, tant à l'égard du frêne qu'à l'égard des arbres fruitiers, n'est-elle pas entièrement établie dans tous les pays, où la pénurie des bois, des fourrages et de l'engrais est devenue si commune, par la comparaison que l'on peut y faire, entr'autres, de toutes les prairies qui sont garnies de bonnes espèces d'arbres, d'avec celles qui ne le sont pas ? outre que les premières seront encore reconnues les plus abondantes en foin, à cause de la fraîcheur qui y est maintenue dans les temps de sécheresse par l'ombrage des arbres, qui garantit de plus les herbes tendres de la rigueur des gelées du printemps et de la grêle. Cette comparaison établira encore une disproportion de plus du quadruple dans la valeur réelle d'un pré suffisamment garni de bons arbres, d'avec celle d'un pré nu, en donnant à chaque plante du premier leur valeur réelle. Je n'excepterais pas même une grande partie des terrains cultivables, dans lesquels les poiriers et pommiers, entr'autres, placés profondément à de grandes distances et élevés à une certaine hauteur, après avoir été soigneusement greffés en espèces de bons fruits, prospéreraient, par l'avantage des labours et de l'engrais, plus abondamment qu'ailleurs, et produiraient une infinité de fruits d'une grosseur et d'une qualité supérieures, desquels on tirerait en outre une boisson meilleure que divers autres boissons composées et même que le vin provenant des treilles, des hutins et des vignes qui existent dans toutes les collines où la chaleur du soleil ne peut pas procurer au raisin une maturité parfaite.

Le succès de pareilles plantations est amplement établi, notamment dans un grand nombre des communes de Savoie, où il en existe beaucoup qui produisent, en effet, des arbres d'une beauté extraordinaire, avec des fruits dans les mêmes proportions, qui les font rechercher et et exporter au loin. Ces arbres ne portent pas plus d'obstacles dans ces terrains à la charrue du cultivateur que les hutins; ils font au contraire doubler, tripler et quadrupler, sans peines et sans dépenses, la valeur de la récolte; ils garantissent en outre les plantes céréales des gelées du printemps ; de l'excessive chaleur du soleil ; des violens ouragans et de la grêle.

Un succès aussi certain et beaucoup plus intéressant, serait celui du produit immédiat de ces poiriers et pommiers, greffés spécialement en espèces de poires de bon goût, de pommes reinettes et d'autres pommes d'une aussi agréable acidité, qui pourraient très - avantageusement tenir lieu de vignes dans les collines moyennes et montagneuses, dans les régions en plaine où le raisin ne peut pas mûrir, et même dans celles où il ne mûrit que très - imparfaitement. Pour obtenir cet important résultat, il s'agit de garnir d'une grande quantité de ces arbres tous les lieux qui en sont susceptibles, tels, entr'autres, que les lisières des propriétés, les bords des grandes routes, des chemins, des fleuves, des rivières, des ruisseaux, les ravins, les grêves, les croupes des vallons, les haies, les prairies nues, une partie des terrains cultivés, les terrains incultes et de vaine pâture, et par substitution, les emplacemens des arbres de peu de valeur et d'un produit nul. Dans tous ces lieux, la végétation rapide de ces deux espèces d'arbres, ferait bientôt acccroître considérablement la masse des meilleurs bois, et leur production en bons fruits deviendrait progressivement si abondante, qu'on en destinerait une grande partie à faire du bon cidre, dont l'usage, même à discrétion, ne porterait pas atteinte, comme celui du vin, aux fa-

cultés physiques et intellectuelles de l'homme.
Dans beaucoup de pays, et entr'autres, dans la
province de Normandie, la vente du cidre et la
culture des arbres qui le produisent, y forment
une des branches des plus importantes de l'agriculture.

Tous ces moyens exposés présentent même un
plus grand intérêt dans les vastes régions en plaines qui sont extrêmement éloignées des montagnes et des pierres, telles, entr'autres, que le
Piémont et l'Italie, où il faut que le bois supplée
au défaut des pierres, puisqu'il sert en outre à
faire cuire toutes les briques avec lesquelles on
construit les murs des villes, des bourgs, des
villages, des châteaux, des édifices publics, des
habitations et autres bâtimens, les forteresses,
les remparts, les ponts, les digues, les aquéducs,
les murs de clôtures et de soutènement, etc.; sans
parler des tuiles dont on se sert aussi pour couvrir tous les bâtimens, ni du bois pour la charpente, la menuiserie, le charronnage, le chauffage et pour tant d'autres besoins. Aussi cette
incalculable consommation a tellement excédé la
production des petites forêts qui y existent (en
bois de bien moindre valeur que celle du frêne),
et celle des médiocres plantations qui y ont été
faites, souvent en arbres de peu de valeur, qu'elle
a occasionné dans une grande partie de ces Etats,
une cherté extraordinaire des bois, et dans l'autre
une si grande pénurie, que la plupart des habi-

tans, outre les autres privations, n'ont pu, depuis long-temps, construire les murs de leurs
bâtimens, qu'en terre grasse pétrie avec de la
paille ou d'autres matières analogues; ou avec
des briques seulement séchées au soleil.

C'est encore dans de telles régions que le semis
et la culture du frêne et des arbres fruitiers auraient été et seraient d'une grande utilité, pour
placer les plantes qui en seraient provenues ou
qui en proviendraient, dans ces vastes plaines où
il existe une infinité de prairies sans arbres et
d'emplacemens vides et inutiles.

C'est également dans ces contrées que les riches
propriétaires auraient un grand intérêt de desti-
ner, en outre, une partie de leurs terrains de
médiocre qualité, en forêts et en bosquets de
frênes, qui deviendraient un jour d'une valeur
très-considérable.

Ces importans moyens feraient éviter à l'avenir, dans ces régions et ailleurs, la peine et la
dépense d'aller acheter de telles plantes dans
des pays fort éloignés, à un prix extrêmement
cher, et feront produire en conséquence une si
grande quantité de bons arbres, que, dans peu
de temps, leur production tant en bois de bonne
qualité qu'en tous autres avantages, sera amplement proportionnée à la consommation nécessaire;
ce qui fera cesser enfin cette pénurie alarmante
de bois, et même les vols multipliés que l'extrême
nécessité fait commettre jour et nuit; et cette

abondance de bois viendra au secours du pauvre assujetti à tant de besoins et de privations, et même à des peines pécuniaires et corporelles.

L'expérience prouvera donc que la destruction des forêts, le déboisement des montagnes, la disette des bois, des fourrages, des engrais, etc. ne sont véritablement que la conséquence nécessaire de la négligence qu'on a mise à propager la culture et la plantation du frêne et des arbres fruitiers, dans tous les lieux qui en sont suscep- *et des autres arbres forestiers ci-devant mentionnés* tibles, quoique cette culture soit presque aussi facile et pourrait être faite en aussi grande quantité, que celle de quelques plantes céréales, ainsi qu'il est prouvé maintenant auprès de mon habitation ; elle peut encore être faite avec plus d'économie, puisque les graines, les noyaux et pepins de ces arbres, les châtaignes et noix exceptées, ne sont propres qu'à cela, et qu'on peut s'en procurer gratuitement toute la quantité désirable, en employant seulement, à l'égard des graines du frêne, les mesures indiquées dans le premier article des instructions de ce Mémoire; *quant aux graines et noyaux des autres arbres forestiers, en mettant en pratique les procédés indiqués dans le 1.er article des mêmes instructions* et à l'égard des pepins et autres noyaux des arbres fruitiers, en profitant de leur grande abondance pour en faire le semis, la culture et la greffe, notoirement connus et amplement détaillés dans divers traités publiés à ce sujet. Pour donner enfin à la culture des bons arbres toute l'extension nécessaire, pour lever tous les doutes qui pourraient être conçus sur le moyen proposé

dans mon Mémoire ; pour faire réparer, au besoin, les erreurs et omissions qui pourraient y
exister, pour détruire entièrement tous les préjugés que j'ai combattus et qui ont fait dédaigner
et repousser jusqu'ici la culture et la propagation
du frêne commun si utile ; pour fixer sur ces
objets l'attention des agronomes instruits et des
Administrateurs éclairés, qui ne peuvent pas
s'occuper d'une matière d'une plus grande conséquence pour le bien public, et qui touche plus
directement aux pressans intérêts de la société ;
enfin, pour amener encore l'occasion naturelle de
développer et de communiquer à la société toutes
autres connaissances et observations en matières
d'agriculture, il serait fortement à désirer que
les Souverains et les Gouvernemens daignas-
sent . . . .

1.º Établir des concours et distribuer des prix
en faveur des agriculteurs instruits qui seraient
parvenus ou parviendraient à faire les découvertes
les plus avantageuses en agriculture et en économie rurale, à développer et à proposer les
principes les plus prompts et les plus économiques, pour produire simultanément la régénération des bons bois et l'abondance des bons fourrages, qui sont les deux véritables moyens propres à remédier aux maux qui menacent de plus
en plus la société.

2.º Statuer sur le partage des terrains communaux, pour faire entrer dans le domaine cultivé

et surtout dans l'intérêt individuel des habitans, principal mobile des améliorations utiles et économiques, une immensité de terrains incultes et inutiles jusqu'ici, et qui, par leur indivision, ont presque toujours été abandonnés au pillage, au profit du plus fort, et ce, par des abus qui ont réduit ces terrains à l'état presque nul où ils se trouvent, et qui finiraient par les réduire en friche, en rocs nus, en terres vaines et en ravins, au grand préjudice de l'agriculture et au détriment des habitans, dont les contributions se sont accrues et s'accroîtront en proportion des besoins de l'État, tandis que leurs ressources diminuent journellement.

Cette disposition satisferait le désir le plus ardent des habitans, qui s'empresseraient d'employer tous leurs efforts, pour leur propre intérêt et pour pourvoir à leurs pressans besoins, à rendre ces terrains fertiles et productifs, tant en culture, en prairies artificielles, en plantations de bons arbres, qu'autrement. Alors on verrait surtout se repeupler très-avantageusement les forêts et les montagnes dépouillées, à l'égard desquelles la grande surveillance qui a été portée par les autorités administratives et forestières, pour leur amélioration et conservation, n'a pu produire l'effet qu'on avait droit d'en attendre, parce que la production est devenue progressivement tellement inférieure à la consommation nécessaire, que son insuffisance a paralysé le zèle et la sollicitude des Administrateurs.

En effet, pour produire la régénération de ces forêts, il n'y aurait qu'une défense générale d'y rentrer avant un intervalle de vingt ans, qui pût procurer ce résultat avantageux ; mais les indispensables besoins du peuple rendent cette mesure impraticable, outre qu'elle serait encore infructueuse, quant aux bois de construction, par défaut de balivaux, et pour repeupler les emplacemens déboisés.

Or, la plantation du frêne, indiquée dans le premier article ci-après, me paraît le seul moyen de propager les balivaux avec facilité et succès, soit dans les montagnes déboisées, soit dans tous ces vastes lieux défrichés et inutiles depuis des siècles; ce qui rendrait abondamment productifs, dans les régions montagneuses, les trois quarts des terrains, dont la fertilité tournerait au profit de l'autre quart (duquel les produits, pour la subsistance de la population qui s'augmente sans cesse, deviennent de plus en plus insuffisans, surtout pendant les saisons où les intempéries occasionnent de grands dommages aux récoltes); ce qui aurait lieu de la manière la plus avantageuse, par l'immensité du fourrage qui proviendrait du produit des frênes et même des prairies artificielles qui y seraient établies.

Quant au fourrage, personne n'ignore qu'il ne soit le premier mobile de la prospérité agricole, et pour nourrir le bétail et pour produire l'engrais dont la rareté augmente chaque jour. Or, n'est-il pas du plus grand intérêt général de pourvoir promptement aux meilleurs moyens d'en faire produire la quantité nécessaire, sans ôter à l'agriculture une partie du terrain destiné aux autres productions ? Le frêne offre, sans contredit, le moyen le plus puissant, pour ne pas dire le seul, qui puisse conduire à ce but important. Cette vérité prouve toujours mieux la grande importance de la culture de cet arbre , pour en peupler de préférence ces immenses étendues de terrains communaux, de la manière indiquée en l'article premier ci-après.

Pour rendre plus sensibles les grands avantages dont je viens de parler, à l'égard de ces vastes lieux en terres vaines et en menus bois dégénérés, je fais l'estimation de la valeur réelle que la plupart de ces terrains peuvent avoir maintenant, et je crois ne pas m'écarter de la vérité, en fixant à dix centimes la valeur réelle de chaque toise de surface.

Ensuite, estimant la valeur réelle que pourra avoir le frêne transplanté isolément dans l'étendue de cette toise, lorsqu'il sera parvenu à sa grosseur, de quelque manière qu'il soit élevé, ou à haute tige, ou pour un revenu annuel : je crois ne pas m'éloigner non plus de la vérité, en portant la valeur réelle de cet arbre à cinq francs , parce que les frênes élevés à haute tige vaudraient sûrement une somme égale; et ceux élevés pour un revenu annuel en produiraient chacun un qui vaudrait au moins vingt-cinq centimes. Je ne parlerai pas même du très-grand nombre de ces arbres qui parviendraient, dans les meilleurs terrains, à une valeur individuelle de dix à cent francs, telle que celle des gros frênes mentionnés ci-devant. Ainsi ce calcul modéré prouve au moins un bénéfice en faveur de la société de cette somme de cinq francs, valeur de l'arbre, sur chaque toise de ces vastes terrains dont j'ai parlé, puisqu'ils deviendraient en outre plus productifs qu'auparavant, à cause de la fraîcheur qu'y procurerait l'ombrage des frênes.

Il résulterait en outre du repeuplement des montagnes, que tous ces végétaux en bois-forêts attireraient le fluide électrique, éloigneraient les orages, arrêteraient et briseraient la fougue des vents, favoriseraient par leur humidité et adouciraient par leur fraîcheur bienfaisante la température des saisons, dont le déréglement observé de nos jours, est attribué en grande partie et avec raison à la destruction des forêts et des bois de haute futaie.

Ces végétaux procureraient de plus, dans les pentes rapides, de forts soutiens pour empêcher les éboulemens de terre qu'y occasionnent les pluies abondantes et les avalanches devenues si fréquentes depuis le déboisement des forêts, qu'elles font périr une innombrable quantité de menus bois, qu'elles enlèvent une très-grande partie des terrains déboisés, et qu'elles entraînent souvent les bâtimens et les habitations.

Toutes ces considérations prouvent toujours
plus la grande importance du frêne et de sa culture , et la grande nécessité de la division des
forêts et des terrains communaux, dont les avantages seraient incalculables pour les Gouvernemens , par les impositions dont deviendraient
passibles ces immenses étendues de terrains amé-
liorés; et pour la société, d'un intérêt bien plus
précieux que celui dont ont joui jusqu'ici ceux
des habitans dont les ancêtres ont eu la prudence
et la prévoyance d'acquérir, dans l'ancien temps,
des parcelles de forêts communales, qui ont été
soignées depuis lors, avec la surveillance, l'exac-
titude et l'intérêt communs à tous les hommes.
On voit en effet qu'il n'existe maintenant du bois
que dans ces parcelles de forêts possédées en
propriété , qui présentent, où elles existent , un
coup-d'œil des plus satisfaisans et qui contraste
avec l'aspect des forêts communales, dont les bois
dégénérés cachent à peine la terre. Mais il est
bien malheureux que les besoins des propriétaires
et des fabriques fassent déjà apercevoir la destruction de ces forêts particulières.

3.º Accorder une gratification aux agriculteurs
vigilans qui répandraient annuellement dans la
société un certain nombre de milliers de bons
arbres provenus de leurs pépinières : cette faveur
produirait l'avantage de rendre ces plantes tellement abondantes, que tous les habitans profite-
raient de cette grande facilité pour faire toutes

les plantations nécessaires, dont ils finiraient par apprécier l'importance et l'utilité.

Cette mesure produirait des avantages à peu près analogues à ceux qui sont résultés de la faveur qu'il plut à S. M. notre Roi, d'accorder à un grand nombre de ses sujets de l'île de Sardaigne, pour y greffer des oliviers sauvages. Ces résultats seraient même plus avantageux à l'égard du frêne, du châtaigner et du mûrier, parce que ces trois arbres donnent annuellement des produits de la plus grande utilité, savoir :

Le frêne produit, 1.º un excellent et abondant feuillage qui peut nourrir avec avantage le bétail, soit le bœuf qui laboure les champs et fait tous les autres travaux les plus utiles à l'homme, soit la vache laitière qui, après avoir tiré à la charrue ou à la herse pendant la journée, prodigue encore le soir et le matin le tribut de son lait, soit encore la brebis qui donne son agneau, son lait et sa toison, tous animaux qui approvisionnent en outre les boucheries et les tanneries; 2.º des branches et des débris qui fournissent un combustible au foyer du ménage et qui sont utiles à d'autres besoins.

Le châtaigner de bonne espèce fournit une excellente nourriture pour l'homme, parvient d'ailleurs à une grosseur peu commune et très-propre pour la charpente et la construction, et augmente considérablement la masse des bois.

Enfin le mûrier qui, attendu sa multiplication

facile et économique , par l'abondance de ses
graines, devrait être aussi commun qu'il est rare,
et même former des bosquets entiers et beaucoup
de haies vives, qui deviendraient progressivement,
en peu d'années, d'un commode et riche produit,
tant pour nourrir les vers à soie, que pour produire un excellent menu bois à brûler. Cet arbre,
utile sous le rapport forestier, produit en outre
une matière qui pourrait pourvoir , en grande
partie, à l'habillement de toutes les classes de la
société, comme elle a pourvu jusqu'ici aux pa-
rures et aux ornemens de tous genres.

Je me dispenserai de parler des autres espèces
d'arbres fruitiers, parce que leur importance et leur
utilité sont assez généralement connues, il suffit
seulement de rappeler que la nature favorise autant,si je ne dis plus,le développement des arbres
qui produisent des fruits de bonne qualité , que
celui des arbres qui en portent de peu de valeur
ou une dépouille pareille, et que la propagation
et la multiplication de ceux-là, sont des plus faciles et des plus économiques. Or, il est du grand
intérêt public que les Gouvernemens protégent
la culture et la plantation des arbres qui produisent, chaque année, un objet particulier d'utilité,
dans tous les lieux convenables, même par substitution, dans tous les emplacemens, des arbres
et arbustes de peu de valeur, desquels on ne retire qu'une médiocre dépouille dans des intervalles de 4, 5 ou 6 ans; tandis que le frêne, le

3

mûrier et les arbres fruitiers pourraient occuper
bien plus avantageusement, même jusqu'à une
certaine hauteur dans les collines montagneuses,
toutes les propriétés et lieux qui en sont susceptibles, tant en forêts, en bosquets, en plantations
d'agrément qu'autrement. Alors on verrait augmenter progressivement la masse des meilleurs
bois (qui favoriseraient considérablement la régénération et le repeuplement des hautes forêts,
épuisées jusqu'ici, pour avoir presque pourvu à
tous les besoins), et prospérer en la même proportion toutes les branches de l'agriculture, de
l'économie rurale et des arts. Or, tous ces arbres
utiles présenteraient, au printemps et en automne
surtout, un coup-d'œil bien plus intéressant, et
procureraient des produits beaucoup plus précieux que tous les arbres de médiocre ou de mauvaise espèce et d'un produit presque nul.

Ces importans établissemens en frênes pourront être faits :

1.º Dans ces immenses étendues de terrains
communaux et particuliers qui ont été successivement défrichés, dans les lisières des forêts
basses et ailleurs, et qui, depuis lors, sont de-
meurés presque tous incultes, vides et inutiles,
sauf pour une vaine pâture presque nulle pour
les moutons même.

Tous ces terrains ne peuvent être boisés de
nouveau de la manière la plus avantageuse, et
rendus abondamment productifs en principe fo-

restier et agricole , qu'en mettant en pratique
les méthodes exposées ci - devant pages
8. 9. 10 et 11

Les frênes transplantés à une distance convenable , dans tous ces lieux , et même isolément
dans les forêts basses qui ne sont maintenant
composées que de menus bois dégénérés , qui cachent à peine le sol , pourraient être élevés , la
moitié à une moyenne hauteur et l'autre moitié
à haute tige.

Les premiers produiraient , lorsqu'ils seraient
parvenus à leur grosseur , un revenu annuel en
feuillage , qui serait comparable à celui d'un bon
pré.

Et les derniers procureraient une quantité
considérable de plantes pour tous les besoins et
usages désignés ci-devant.

Bien plus , toutes ces plantes élevées à haute
tige établiraient, en peu d'années, dans tous ces
lieux , un si grand nombre de balivaux , qu'ils
disperseraient de proche en proche leurs graines
autour d'eux et même au loin, puisqu'elles sont en
forme d'ailes de papillons, où elles leveraient à
l'abri des feuilles et herbes mortes et croîtraient
plus abondamment que toute autre semence (en
y produisant même une avantageuse substitution
aux autres bois dégénérés et de mauvaise qualité) ,
parce que cet arbre est d'une croissance rapide.

2.º Dans tous les prés où il n'existe pas d'arbres fruitiers et où l'on ne se propose pas d'en

placer, soit en plaine, soit en montagne, savoir :

A la distance de deux toises dans les prés de première et seconde qualités, et d'une toise dans les prés de médiocre qualité et dans les prés artificiels qui se feront en principe; le tout conformément à la méthode exposée dans le second article des instructions.

La destination des prés n'étant que pour la nourriture du bétail, il importe beaucoup à chacun d'en augmenter et multiplier les produits par les meilleurs moyens, qui ne peuvent se réaliser plus avantageusement que par la multiplication du frêne commun, seul capable de produire au moins le résultat du détail que je vais faire ci-après.

Je commence par faire l'estimation en foin du revenu annuel d'un journal de pré carré de première qualité, et ensuite je fais celle de l'équivalent en foin du revenu annuel en feuillage et en menu bois d'un gros frêne, celle d'un frêne moyen, et celle d'un frêne inférieur aux deux autres. En conséquence, je porte l'évaluation du revenu annuel de ce pré (de la contenance de 400 toises), à vingt-cinq quintaux de foin.

Celle du revenu annuel d'un gros frêne, à l'équivalent d'un quintal de foin; ceux-là ne sont pas bien communs, mais il en existe qui valent davantage, puisque leur feuillage annuel peut nourrir deux, trois ou quatre bœufs par jour,

Celle du revenu annuel d'un frêne moyen, à l'équivalent d'un demi-quintal de foin;

Et celle du revenu annuel d'un frêne inférieur, à l'équivalent d'un quart de quintal.

Je crois que ces évaluations ne sont point exagérées, et que je n'exagère pas non plus, pour fournir la base de mon calcul, en me rapportant à l'évaluation du frêne moyen, eu égard surtout que les frênes transplantés dans un bon pré deviendront presque tous de gros arbres, ou au moins supérieurs au frêne moyen.

Ce détail approximatif établit que les deux cents frênes plantés dans ce journal de pré de première qualité produiront, lorsqu'ils seront parvenus à leur grosseur, l'équivalent en feuillage et en menu bois, de cent quintaux de foin, qui fourniront le quadruple du revenu annuel du pré; et jusqu'à ce que ces arbres soient parvenus à leur grosseur, leur revenu annuel augmentera en proportion de leur croissance.

Le même détail approximatif peut s'appliquer en moins aux frênes plantés dans un pré de seconde qualité, dans celui de médiocre qualité et dans le pré artificiel, outre l'avantage des labours qui seront faits dans ces deux dernières espèces de pré, et celui des frênes qui y seront élevés à haute tige, de la manière indiquée dans le troisième article des instructions.

3.º Dans les plantations d'hutins; après la vendange, les vaches du vigneron profiteront du feuillage des frênes, et encore mieux au commencement de septembre, si on veut le ramasser à cette époque, pour exposer le raisin à la chaleur du soleil.

4.º Dans tous les lieux d'agrément et dans les avenues, parce que, quand le frêne n'a pas été taillé ou qu'il ne l'a pas été depuis un long intervalle, il présente un beau feuillage et une tige qui s'élève presque aussi haute et aussi droite que le sapin, si l'on coupe successivement ses branches; il parvient ainsi à une grosseur peu commune. Il est susceptible d'être élevé à une hauteur moyenne, sous toutes sortes de formes, ce qui prouve que cet arbre est préférable à tout autre, à cause de sa beauté, de sa propreté, de sa grosseur et plus encore de la qualité supérieure de son bois.

5.º Par substitution, auprès de tous les vieux et jeunes saules, des vieux arbres caducs, des arbres de mauvaise venue et d'un produit nul, qui existent dans les basses cours, dans les bordures des jardins, dans les haies et autres lieux. Lorsque ces jeunes frênes seraient parvenus à une grosseur moyenne, on couperait et abattrait tous ces vieux arbres, pour pourvoir aux besoins nécessaires ; après quoi, il serait facile d'élever avec goût, dans les basses cours, dans les bordures des jardins et autres emplacemens, ces jeunes arbres qui produiraient un coup-d'œil bien plus agréable et un revenu bien plus précieux que leurs prédécesseurs.

Pareille substitution pourrait encore être faite pour tous les autres arbres du feuillage desquels on ne jouit que dans des intervalles de 4, 5 ou 6 ans, sans parler même de l'inférieure qualité et de la moindre quantité de leur feuillage et de leur bois.

Pour pourvoir à l'emploi que l'on est en usage de faire du bois provenant des saules, notamment pour l'entretien des treilles, il s'agira de réserver une quantité de ces frênes, sans les écimer, pendant l'intervalle de 4, 5 ou 6 ans, en profitant en partie de leur feuillage chaque année. Après cet intervalle, on trouvera abondamment sur ces frênes une quantité de perches qui seront presque aussi longues et aussi droites que celles des saules, pourvu que l'on ait soin de couper leurs petits rejetons à la fin de la seconde ou troisième année, et qui seront plus durables pour l'entretien des treilles et pour servir de tuteurs aux jeunes arbres fruitiers.

Ce dernier emploi fera cesser l'abus de se servir, à cet effet, d'une immense quantité de plantes de sapin, que des mains mercenaires coupent furtivement dans les forêts.

6.º Sur les bords des grandes routes, des chemins et principalement dans ces lisières d'une étendue immense, où il n'a jamais existé ni haies vives ni arbres quelconques, et qui auraient produit jusqu'à présent d'incalculables richesses, comme encore dans ces longues distances qui existent entre les gros noyers et châtaigners ; sans répéter ici l'utile substitution des frênes aux saules et aux mauvais arbres dont on a parlé.

Ces jeunes arbres fouilleront et extrairont de la terre, dans toutes ces lisières, jusque dans l'intérieur des chemins, les trésors inépuisables que la nature y a déposés, que l'engrais qui s'y répand à tout moment augmente chaque jour, et que l'erreur et l'indifférence ont négligé d'y cueillir jusqu'à présent. Les produits de ces arbres auraient été suffisans pour pourvoir aux dépenses de l'entretien de ces routes. Ils procureraient en outre, dans ces chemins, l'agréable ombrage qui diminue beaucoup la peine du voyageur.

7.º Sur les bords des fleuves, des rivières, des ruisseaux, des torrens, dans les ravins et dans les grêves (glières), où les frênes pourraient être élevés de la manière indiquée dans le troisième article des instructions.

Ces plantes produiraient là trois avantages :

Le premier serait le revenu annuel en feuillage et en menu bois des frênes élevés à une moyenne hauteur;

Le second serait la croissance de ceux qui seront élevés à haute tige ;

Et le troisième serait d'établir de forts remparts contre l'eau et de bons soutiens pour empêcher les éboulemens, soit par eux-mêmes, soit au moyen des nombreux rejetons qui pourront être couchés en terre comme la vigne, et qui deviendront aussi forts que les tiges mères.

INSTRUCTIONS RELATIVES AU SEMIS ET A LA CULTURE DU FRÊNE COMMUN.

ARTICLE I.er

Manière de se procurer les graines de cet arbre et d'en faire le semis.

CE sont les frênes qui n'ont jamais été écimés, ou qui ne l'ont pas été depuis 4, 5 ou 6 ans, qui produisent abondamment des graines. Les jeunes commencent à en donner vers la 4.e, 5.e ou 6.e année, après leur transplantation à demeure, et les fleurs de ces arbres sont sujettes à la gelée, comme celles des arbres fruitiers.

Afin de rendre promptement ces graines abondantes pour en faire les semis nécessaires, il est de l'intérêt public et de celui des personnes qui ont des frênes, de réserver une quantité de ces arbres sans les écimer pendant l'intervalle indiqué, c'est-à-dire, jusqu'à ce qu'ils produisent des graines, et de les conserver dans cet état, afin qu'ils continuent d'en produire, ce à quoi ils sont tous propres ; car ils sont tous de la même espèce et ne diffèrent à la vue que par la différente qualité du terrain qui alimente plus ou moins la plante. Les uns produisent des graines toutes les années, et les autres n'en produisent que bisannuellement ou trisannuellement, mais toutes de la même espèce.

Il est facile de cueillir ces graines, souvent à pleines mains, sur les jeunes arbres, sans couper ni rompre les branches ni les bouts ; mais il est un peu plus difficile de les cueillir sur les gros et vieux frênes, principalement aux sommités des grosses et longues branches. En cas d'impossibilité, on peut se les procurer en les abattant sur un terrain uni ou sur des linges étendus, si la localité le permet.

La maturité de ces graines est parfaite au commencement de septembre dans les pays chauds, et à la fin du même mois dans les collines moyennes et montagneuses. C'est depuis ces deux époques qu'on peut commencer à les cueillir, sans urgence néanmoins, parce que ces graines ne se détachent pas de suite après leur maturité. Quelques arbres les retiennent pendant environ un ou deux mois après leur maturité, et d'autres jusqu'à la végétation du printemps suivant. De sorte que l'on peut cueillir ces graines à loisir pendant l'automne, en faisant cependant attention à celles qui commenceraient à tomber de l'arbre, pour en prévenir la perte.

Lorsqu'on se sera procuré la quantité de graines nécessaire, on les placera dans un cellier par lits alternatifs ou mêlés avec du sable ou de la terre fine entretenus humides; ou l'on pratiquera,

dans un terrain sec, un creux ou un fossé pro-
portionné à la quantité des graines que l'on mettra en terre, sur l'épaisseur d'environ 3 ou 4
pouces; après quoi, on couvrira ces graines avec
une médiocre quantité de paille, pour empêcher
un mélange de ces graines avec la terre provenue
du creux, que l'on remettra sur la paille. Si cette
quantité de graines est peu considérable, on peut
les placer dans une caisse par lits alternatifs, ou
mêlées avec du sable ou de la terre fine, également
ment entretenus humides dans un cellier. Ces
graines doivent demeurer dans cet état pendant
18 mois, c'est-à-dire, jusqu'au commencement
du second printemps suivant. A cette époque, il
faut avoir la précaution de reprendre ces graines
dans le dépôt, avant que la germination se ma-
nifeste, parce que, si l'on retardait trop, la grande
germination formerait une masse que l'on ne
pourrait pas diviser sans gâter une grande partie
des germes.

Après l'enlèvement de ces graines, on en fera
le semis dans un terrain bien préparé et nettoyé
de toutes racines, et même dans un terrain un
peu fort et maigre, où les insectes, tels que les
vers blancs, ne causent pas autant de dommages
aux plantes que dans un terrain léger et gras.

Ce semis doit être fait en lignes ou à la volée,
de la même manière et à la même profondeur
que l'on sème les épinards.

Pour préserver les plantes naissantes de la

gelée, dont la plus légère détruirait presque entièrement le semis, il est nécessaire, lorsque le temps annoncera une grande fraîcheur, d'employer le moyen des paillassons semblables à ceux dont se servent les jardiniers. A défaut de paillassons, on dispersera seulement sur le semis une quantité de grosse paille bien mêlée et entrelacée, afin qu'elle se tienne soulevée en l'air, ou des extrémités de branches de bois mal fait garni de ses feuilles. On enlèvera le tout lorsque la fraîcheur cessera, et l'on répétera ce procédé lorsqu'elle se manifestera de nouveau.

Après l'intervalle de deux ans, ces jeunes plantes pourront être placées aux époques convenables, dans les lieux et de la manière indiqués dans les méthodes énoncées ci-devant, pages 8. 9. 10 et 11.

Pour déterminer, dès la première année, la germination de ces graines, d'après un avis qui m'avait été donné, de les traiter de même manière que les jardiniers traitent les graines dures les plus osseuses, telles que celles des épines blanches, des néfliers, des pêchers, etc., j'en ai placé en stratification, en octobre et en novembre 1821, une grande quantité; je les ai disposées par lits alternatifs, avec de la terre fine entretenue humide pendant l'hiver, dans un cellier, à l'abri de la gelée. Dans le courant du printemps suivant, une très-petite quantité seulement (à peu près la millième partie) a levé, et toutes les autres ont conservé dans leur enveloppe, pendant l'année suivante, les germes qui étaient bien formés et qui ne sont parvenus à germination que dans le printemps de 1823.

Cette épreuve faite avec soin et renouvelée depuis lors, m'a prouvé que ce moyen de stratification ne produit qu'un résultat presque nul pour la germination de ces graines dans l'année ; tandis que le résultat de la méthode précédente, qui ne cause ni peine ni embarras, pendant les 18 mois nécessaires, est l'unique moyen de faire naître une germination entière et simultanée.

ARTICLE II.

Plantation du frêne.

Le frêne peut être transplanté, comme les arbres fruitiers, dans toute espèce de lieux et d'emplacemens, savoir : dans les terres légères et chaudes, de même que dans celles qui ne sont ni froides ni humides, vers le 20 d'octobre et en novembre. Dans ce temps, la terre qui a encore un peu de chaleur, la communique aux racines et leur fait pousser du chevelu et de nouveaux filamens ; ce qui prépare les arbres à pousser vigoureusement au printemps. Néanmoins il ne faut pas laisser de planter au printemps, quoique les arbres ne fassent pas une pousse comme s'ils avaient été plantés en automne.

Le véritable temps de planter dans les terres humides, pesantes et froides, est le printemps ;

la raison en est, que la terre étant un peu des-
séchée et commençant à s'échauffer, les racines
des arbres ne risquent pas de périr.

Pour ne pas gêner dans le temps le libre passage du chariot du faucheur dans les prés de
première et seconde qualités, la transplantation
du frêne peut être faite à la distance de deux
toises en ligne droite; et, pour ne pas diminuer
la récolte du foin pendant les années suivantes,
principalement lorsqu'on fera une plantation dans
une grande étendue de pré, elle exige qu'on
commence à tracer par ordre les emplacemens
un peu spacieux où les jeunes arbres doivent être
transplantés. Ensuite on enlevera par grosses
parties les gazons contenus dans ces traces, qu'on
placera sur un côté, jusqu'à ce que l'on ait en-
levé la terre inférieure, qui devra être placée
sur un autre côté, et qu'on remettra ensuite dans
le creux où l'on placera l'arbre, au milieu de la
terre mouvante; après quoi on replacera les gazons avec tout l'ordre possible au-dessus du creux.
De cette manière, les racines de ces gazons auront presque autant de vigueur l'année suivante
qu'elles en avaient auparavant.

La transplantation dans un pré de médiocre
qualité, où la faux peut à peine couper assez
d'herbes pour la couvrir, doit être faite à la distance d'une toise; et à cet effet, il est important
qu'on renouvelle ce pré par le moyen des graines
de prés artificiels, telles que celles du sainfoin,

de la luzerne et autres, après avoir labouré le terrain un peu profondément, et y avoir mis de l'engrais, s'il est possible.

On emploiera le même moyen à l'égard des prés artificiels que l'on fera dans les terrains incultes et autres, à semblable distance d'une toise ; ensuite on placera les arbres à leur distance en quinconce dans les terrains labourés, où l'on semera ensuite les graines que l'on couvrira avec la précaution nécessaire.

Ce renouvellement de pré est très-utile pour la prospérité des graines semées et des jeunes arbres. Le labour du terrain et la semence des graines feront produire au pré un abondant revenu en foin pendant longues années ; et le labour ouvrira en outre des issues faciles aux racines des jeunes arbres, en leur donnant les moyens propres à aller pomper dans le voisinage les sucs de la terre nécessaires à la croissance et à la prospérité de leur tige ; pourvu qu'on ait la précaution de ne laisser pâturer sur ce pré, après les coupes du foin et du regain, que le petit bétail, et non le gros, qui endommagerait les jeunes arbres et presserait trop la terre, ce qui serait très-nuisible, pendant quelques années, à la croissance des herbes et des jeunes arbres.

La transplantation faite à la distance d'une toise, dans les prés de médiocre qualité et dans les prés artificiels, exige qu'on élève et dirige les jeunes arbres conformément à la méthode indiquée dans le troisième article ci-après, c'est-à-dire, la moitié à une moyenne hauteur pour un revenu annuel, et l'autre moitié à haute tige pour profiter des avantages indiqués ci-devant.

La plantation à faire dans tous les autres lieux exige, autant qu'il sera possible, un creux un peu profond et spacieux, en plaçant toujours les racines des jeunes plantes au milieu de la terre mouvante, ainsi qu'il le faut pour toutes les autres espèces d'arbres.

Il est nécessaire, pour la plus prompte croissance du frêne et des arbres fruitiers, de faire, dans l'intervalle de quatre ou cinq ans après leur transplantation, un labour en forme de fossé un peu profond et large alentour du premier creux, pour procurer aux racines des arbres de nouvelles issues qui leur permettent d'aller pomper plus loin les sucs nourriciers qui leur sont nécessaires.

Il est encore essentiel de rappeler ici le soin de préserver les racines de tous les jeunes arbres de la chaleur du soleil et du grand air, depuis qu'elles ont été arrachées de la pépinière, jusqu'à ce qu'elles soient replacées en terre. Il faut les envelopper de mousse et de longue paille, si le transport s'en fait au loin; et s'il se fait dans la voisinage, on le fera en temps frais et humide.

ARTICLE III.

Manière d'élever et de tailler le frêne.

Le frêne destiné à haute tige dans les lieux

d'agrément, dans les bordures des grandes routes,
des chemins , des fleuves , des rivières et autres
lieux, est facilement élevé à la hauteur désirable,
tant pour son ombrage et pour l'ornement, que
pour les besoins et usages auxquels il est propre,
en coupant successivement ses branches.

La transplantation de cet arbre dans les bordures dont il s'agit, peut être faite à la distance
de six pieds , ainsi que partout où il peut être
élevé, la moitié à une moyenne hauteur pour un
revenu annuel en feuillage et en menu-bois , et
l'autre moitié à une hauteur beaucoup plus considérable , et même à la volonté de la nature ,
qui a donné au frêne l'inclination de s'élever
comme le sapin, pourvu que l'on coupe successivement ses branches.

Cette direction divisera l'ombrage des frênes ,
le rendra modéré et permettra d'élever et de
diriger ces jeunes arbres de la manière la plus
avantageuse , principalement ceux qui seront
plantés au-dessous des branches fort étendues des
gros noyers et châtaigners, afin que ceux qui seront élevés à haute tige puissent plus promptement traverser ces branches, pour parvenir à une
hauteur supérieure; tandis que les autres seront
coupés à une hauteur moindre que ces mêmes
branches.

Si les frênes élevés à haute tige sont moins
productifs pendant qu'ils croissent, ils auront en
dédommagement une valeur considérable, après

qu'ils auront été abattus pour être employés aux
besoins et usages indiqués : ensuite les rejetons
deviendront encore plus nombreux et plus abon-
dans que leurs auteurs.

On doit couper successivement chaque année
en automne, en hiver et au printemps, les branches du frêne élevé à haute tige, pendant qu'il
est jeune et susceptible d'être destiné à cet effet;
et lorsqu'il est parvenu à une force irrésistible,
il est nécessaire de faire faire une forte serpette
très-recourbée et solidement assujettie au bout
d'une perche, pour couper d'en bas ces branches
pendant quelques années, et au bout d'une longue perche lorsqu'il sera parvenu à une hauteur
plus considérable. Lorsque cette longue perche
sera insuffisante, on y suppléera par le moyen
d'une échelle. De cette manière, on peut le faire
élever sans branches à une grandeur capable de
servir à tous les besoins et usages indiqués.

Lorsque cet arbre sera destiné pour un revenu
annuel, il est succeptible de toutes sortes de
formes, pourvu qu'on lui laisse un grand nombre
de branches, auxquelles il faut encore en per-
mettre d'autres pour faire augmenter de plus en
plus leurs produits annuels, ainsi que l'expérience l'a démontré jusqu'à présent dans les endroits où il en existe un grand nombre.

Je vais décrire les deux formes qui sont les
plus usitées, qui sont véritablement préférables
et par lesquelles l'arbre n'est élevé qu'à une

moyenne hauteur, qui n'est pas capable d'effrayer ceux qui les éciment et en ramassent les feuilles, notamment les vieillards, les femmes et les petits enfans.

La première consiste à laisser élever la tige sans branches, à la hauteur d'environ 9 ou 10 pieds, et ensuite à une autre hauteur égale, avec toutes les branches qui paraîtront de bonne venue, en coupant seulement celles qui seront considérées comme superflues et incommodes pour le libre passage sur l'arbre.

La première fois qu'on taillera ces branches convenables, on les coupera promptement de bas en haut avec une serpette bien aiguisée, sur la longueur d'environ trois ou quatre pieds, et on laissera en outre des rejetons pour augmenter le nombre des branches et accroître leurs produits : et toutes les fois qu'on les taillera de nouveau, toujours de bas en haut, en faisant incliner les branches, on laissera à la souche un bout d'environ un ou deux pouces, pour produire, l'année suivante, les rejetons que la nature lui fournira.

La seconde forme consiste à couper la tige à la même hauteur d'environ 9 ou 10 pieds, pour lui faire produire de nouvelles branches. Lorsque ces nouvelles branches seront parvenues à une grosseur moyenne, on supprimera celles qui seront regardées comme superflues et incommodes pour le libre passage sur l'arbre ; et ensuite on dirigera les autres avec tout le soin possible, en

leur laissant également d'autres branches pour
former un bel arbre et accroître leur produit; et
on taillera successivement toutes ces branches,
toujours de bas en haut, en leur laissant pareil-
lement un bout d'environ deux ou trois pouces,
pour produire de nouveaux rejetons , jusqu'à ce
que ces branches soient parvenues à une autre
hauteur d'environ 9 ou 10 pieds au-dessus de la
tige.

ARTICLE IV.

*Instructions relatives aux semis et à la cul-
ture du châtaigner, du noyer, du cerisier,
du chêne, du sapin, du picéa (pesse), du
mélèze, etc.*

Pour accomplir entièrement le dessein qui fait
le sujet de ce Mémoire, je dois ajouter :

1.º Que les procédés que j'ai indiqués dans le
premier article des instructions précédentes, pour
la stratification et le semis des graines du frêne,
sont aussi favorables à la stratification et aux
semis des grosses graines à noyaux d'arbres,
comme la châtaigne, la noix, le gland du chêne,
les graines de l'orme, du hêtre, etc. (qui ger-
ment et lèvent le printemps suivant), afin de
préserver ces graines de la rigueur des frimats
et leurs germes naissans des gelées du printemps.

2.º Qu'il est également très-important de garantir en outre ces graines, pendant l'hiver, et
leurs tendres plantes, pendant la belle saison ,

des dents des mulots, des souris, des vers blancs, des taupes-grillons (courteroles) qui en sont très-voraces. A cet effet, il s'agit de se procurer préalablement une suffisante quantité d'épines de genièvre; de couper ces menus bois en petits brins, de les mêler avec les graines dans chaque dépôt de stratification, et successivement dans chaque semis fait en petit au printemps.

Cette mesure procurera l'avantage d'écarter de ces lieux ces ennemis destructeurs, afin qu'ils ne dévorent ni les graines ni les plantes de ces semis, comme ils l'ont fait (sans qu'on en ait même reconnu la cause) dans divers semis faits en grand dans de vastes étendues de terrains, notamment en glands de chêne, par des agriculteurs célèbres. De semblables dégâts continueront d'avoir lieu dans tous les semis de ces graines, si l'on n'a pas une exacte précaution de tendre les piéges dont il s'agit à ces bêtes si nuisibles aux plantes. Ensuite on aura la satisfaction de voir prospérer, sans inconvénient, les jeunes plantes de ces semis, au moyen du seul soin de les sarcler convenablement, jusqu'à ce qu'on les transplante ou à demeure en forme de forêts, ou en pépinière, après la première, seconde ou troisième année suivante, avec la plus grande précaution de conserver la fraîcheur de leurs racines.

3.º Que les mêmes procédés favoriseront aussi avantageusement, pendant l'hiver et pendant le printemps, la stratification et le semis des graines du sapin, du picéa (pesse), du mélèze, arbres aussi beaux qu'utiles, dont la multiplication est également facile à l'infini, par le grand nombre des cônes qu'ils produisent, et qui contiennent une abondante quantité de graines que l'on en retire, en les secouant sur un linge étendu ou sur une feuille de papier, après les avoir fait complètement sécher au soleil ou au grand air, pour en faire ouvrir les écailles.

Lorsqu'on aura ainsi récolté une suffisante quantité de ces graines, on les mêlera avec du sable ou de la terre fine, et on mettra ce mélange dans une caisse déposée dans un cellier frais, où ces graines ne puissent ni geler ni germer pendant l'hiver. Le printemps suivant, on semera ce mélange dans un terrain léger, bien cultivé et nettoyé de toutes racines, après avoir même dispersé dans ce terrain, en le cultivant, une certaine quantité d'épines de genièvre, pour garantir également, pendant la belle saison, les jeunes plantes, des ennemis dévorans dont j'ai parlé; on couvrira ensuite le semis avec des paillassons ou autrement, pour préserver les fines plantes naissantes des gelées du printemps et de la grande chaleur du soleil, jusqu'à ce qu'elles puissent être sarclées, avec la plus grande précaution, même pendant plusieurs années, pour les rendre propres à la transplantation ou à demeure en forêt ou en pépinière.

Tous les procédés et tous les moyens préservatifs, même indispensables, dont je viens de parler, prouvent de plus en plus....

D'une part, que les semis généraux faits en grand dans les immenses étendues des terrains en friche dont j'ai parlé sont impraticables, tant par les motifs énoncés ci-devant, page 11, que parce qu'on ne peut y procurer en outre tous les moyens préservatifs que je viens d'exposer ;

D'autre part, que les semis particuliers pratiqués dans de petites étendues de terrains bien cultivés et nettoyés de toutes racines, sont évidemment susceptibles de toutes les garanties indiquées et de tous les autres soins nécessaires; qu'ils peuvent, avec le zèle des agriculteurs et des habitans, être rendus communs dans toutes les contrées et y produire une quantité de plantes des meilleures espèces d'arbres, même surabondante, pour en peupler, non-seulement toutes les forêts détruites et toutes les montagnes déboisées, mais encore tous les autres terrains et emplacemens convenables ; ce qui doit se faire par le moyen de la transplantation, soit en forêts dans des terrains cultivés à cet effet, soit en pépinière pour y élever les jeunes plantes à une grosseur capable d'être plantées isolément dans des creux profonds et larges, et même en longueur et à travers dans les pentes très-rapides, pour empêcher les éboulemens.

FIN.

TABLE DES MATIÈRES.

ERRATA.

Page 16, *ligne* 10, *au lieu de* (page 4), *lisez :* (pages 2 et 3.

Page 25, *ligne* 9, *au lieu de* la plantation du frêne et des arbres fruitiers, *lisez :* la plantation du frêne, des arbres fruitiers et des autres arbres forestiers ci-devant mentionnés.

Page 35, *ligne* 2 et 3, *au lieu de* pages 9, 10 et 13, *lisez :* pages 8, 9, 10 et 11.

www.ingramcontent.com/pod-product-compliance
Lightning Source LLC
Chambersburg PA
CBHW071300200326

41521CB00009B/1848